大科学家讲小科普

千奇百怪的植物

匡廷云 黄春辉 高 颖 郭红卫 张顺燕 主编

吕忠平 绘

吉林科学技术出版社

图书在版编目（CIP）数据

千奇百怪的植物 / 匡廷云等主编. — 长春：吉林
科学技术出版社, 2021.3
（大科学家讲小科普）
ISBN 978-7-5578-5156-9

Ⅰ.①千… Ⅱ.①匡… Ⅲ.①植物−青少年读物
Ⅳ.①Q94-49

中国版本图书馆CIP数据核字(2018)第231223号

大科学家讲小科普　千奇百怪的植物
DA KEXUEJIA JIANG XIAO KEPU　QIANQI-BAIGUAI DE ZHIWU

主　　编	匡廷云　黄春辉　高　颖　郭红卫　张顺燕
绘　　者	吕忠平
出 版 人	宛　霞
责任编辑	端金香　李思言
助理编辑	刘凌含　郑宏宇
制　　版	长春美印图文设计有限公司
封面设计	长春美印图文设计有限公司
幅面尺寸	210 mm × 280 mm
开　　本	16
字　　数	100千字
印　　张	5
印　　数	1−6 000册
版　　次	2022年11月第1版
印　　次	2022年11月第1次印刷

出　　版	吉林科学技术出版社
发　　行	吉林科学技术出版社
地　　址	长春市福祉大路5788号出版集团A座
邮　　编	130118
发行部电话/传真	0431-81629529　81629530　81629531
	81629532　81629533　81629534
储运部电话	0431-86059116
编辑部电话	0431-81629516
印　　刷	吉广控股有限公司

书　　号	ISBN 978-7-5578-5156-9
定　　价	68.00元

序

　　本系列图书的编撰基于"学习源于好奇心"的科普理念。孩子学习的兴趣需要培养和引导,书中采用的语言是启发式的、引导式的,读后使孩子豁然开朗。图文并茂是孩子学习科学知识较有效的形式。新颖的问题能极大地调动孩子阅读、思考的兴趣。兼顾科学理论的同时,注重观察与动手动脑,这和常规灌输式的教学方法是完全不同的。观赏生动有趣的精细插画,犹如让孩子亲临大自然;利用剖面、透视等绘画技巧,能让孩子领略万物的精巧神奇;仔细观察平时无法看到的物体内部结构,能够激发孩子继续探索的兴趣。

　　"授之以鱼不如授之以渔",在向孩子传授知识的同时,还要教会他们探索的方法,培养他们独立思考的能力,这才是完美的教学方式。每一个新问题的答案都可能是孩子成长之路上一艘通往梦想的帆船,愿孩子在平时的生活中发现科学的伟大与魅力,在知识的广阔天地里自由翱翔!愿有趣的知识、科学的智慧伴随孩子健康、快乐地成长!

前　言

　　植物如何利用阳光制造养分？鱼会放屁吗？有能向前走的螃蟹吗？什么动物会发出枪响似的声音？什么植物会吃昆虫？哪种植物的叶子能托起一个人？核反应堆内部发生了什么？为什么宇航员在进行太空飞行前不能吃豆子？细胞长什么样？孩子总会向我们提出令人意想不到的问题。他们对新事物抱有强烈的好奇心，善于寻找有趣的问题并思考答案。他们拥有不同的观点，互相碰撞，对各种假说进行推论。科学家培根曾经说过"好奇心是孩子智慧的嫩芽"，孩子对世界的认识是从好奇开始的，强烈的好奇心会激发孩子的求知欲，对创造性思维与想象力的形成具有十分重要的意义。"大科学家讲小科普"系列的可贵之处在于，它把看似简单的科学问题以轻松幽默的方式深度阐释，既颠覆了传统说教式教育，又轻而易举地触发了孩子的求知欲望。

本套丛书以多元且全新的科学主题、贴近生活的语言表达方式、实用的手绘插图等让孩子感受科学的魅力，全面激发想象力。每册图书都会充分激发他们的好奇心和探索欲，鼓励孩子动手探索、亲身体验，让孩子不但知道"是什么"，而且还知道"为什么"，以非常具有吸引力的内容走进孩子的内心，并激发孩子探求科学知识的热情。

目 录

目　录

第 **1** 节　小树叶与大世界

▶ 叶子在秋冬时为何会变色

　　绿油油的树叶一到秋冬就转变成漂亮的黄色，这是因为原本遍布叶子的叶绿素"逃跑"了。秋冬的阳光照射变得微弱，不够支持叶子进行光合作用，导致被低温破坏的叶绿素无法及时补充，这时叶子里隐藏的其他色素就会显现出来。

有些叶子不是绿色的，可是也含有叶绿素。

是叶子内含有的糖分啦！

紫苏叶用酸性液体泡一泡，会释放叶绿素。

植物里面有糖吗？怎么找不到？

除了花青素，能让叶子变色的还有叶黄素与类胡萝卜素。

▶ 枫叶含有特别的元素

　　枫叶内含的糖分是制造出花青素的原料，这种元素与叶子里的酸性物质融合，再经过日晒就会慢慢变红。对于植物来说，红色的叶子能吸收更多的热量，这是植物对降温的自我保护，故而有"一叶知秋"的说法。

▶ 植物居然会长出假叶子

大部分植物种子在长出茎干之前，都会长出一种假性叶子——子叶。子叶最接近根部，胖乎乎的，很容易辨认。它的作用是把身体里贮藏着的大量营养物质提供给正在生长的植物，等到真叶长出来，子叶也就"功成身退"，干瘪脱落了。

这只是子叶罢了。

我我种的小苗长出叶子了！

子叶，叶子，好像绕口令！

扫码领取

⊘ 科学实验室　⊘ 科学小知识
⊘ 科学展示圈　⊘ 每日阅读打卡

子叶分单子叶和双子叶，有些甚至更多。种子里有多少片子叶和植物种类有关。稻谷类植物的子叶被叫作"内子叶"或"盾片"，是具有特别功能的子叶，它能够帮助植物吸收营养和消化营养。

双子叶植物发芽过程

子叶是本来就包含在种子里的。

单子叶植物发芽过程

▶ 大树落叶的聪明招

大树在入秋时就如脱衣服一样抖落枯叶，其实是为了让枯叶带走不要的废物，同时在树叶掉落之前可以重新吸收树叶里的养分保护树干，还能减少水分的散失。这招真是太聪明了！

这些枯叶已经没有用处了，清理掉吧！

快住手，枯叶也有大作用！

干瘪的枯叶即使落到了地上，使命也没有结束。厚厚的枯叶层能帮根部锁住水分，这也是植物调节根部温度的法宝，有冬暖夏凉的功效。到了温暖的季节，枯叶慢慢腐烂，化作肥沃的天然有机肥料，滋润着植物的根茎和大地。

▶ 枯叶层里面有神奇世界

　　翻开层层叠叠的枯叶，里面循环着一个完整的生态系统，简直是微型的动植物乐园。蚯蚓和马陆能在这儿找到爱吃的食物，爬虫能用枯叶遮蔽风雨，在枯叶层里还能找到一些蕨菜、苔藓和蘑菇，湿润温暖的枯叶就是它们温暖的"被子"。

▶ 枯叶、枯枝中躲猫猫

你看我伪装得怎么样？

有趣的是，看似枯萎的枝叶中其实还隐藏着另一个生机勃勃的世界。不少昆虫界的伪装大师都喜欢模仿成枯枝、枯叶的样子藏身其中。比如，枯叶蝶飞舞时，露出的翅膀背面，与其他的蝴蝶一样华丽；停息在树枝或草叶上时，两翅收起竖立，展示出翅膀的灰色腹面，能惟妙惟肖地伪装成一片极其普通的枯叶。竹节虫的伪装也相当高明，即使走到它们身旁也很难察觉它们的存在。

枯叶蝶

你这行头都不如这些昆虫。

竹节虫

第 2 节　植物自有聪明招

▶ 根上长满了"小触手"

　　大多数植物是通过根部来吸收营养和水分的。这些营养物质到底是怎么跑到根部去的呢？这就要依靠根部长出的千百个"小触手"——根毛。根毛不但会深入土壤里吸收水和养分，还起着使植物直立不倒的支撑作用，真是太能干了！

根毛都是些敏感的小家伙，只有环境湿润，它们才会一个个冒出头来。

这也太难了！

我们猜拳吧，输了的人要数一数豆芽上的根毛！

·20·

▶ 植物居然吃"盐"

　　植物的根超级能干，除了吸收水分，它还会帮助植物吃"盐"！原来，植物生长也非常讲究营养均衡，需要大量的无机养分。根的作用就是给植物输送养分。

当泥土里缺失了某些无机养分的时候，就该给植物施肥啦！

　　根毛会分泌有机酸，使土壤中难溶解的盐类溶解成为能吸收的养分。

最容易观察发芽过程的是绿豆芽。

植物发芽的过程

▶ 种子是先长"尾巴"，还是先长"头"

一颗小小的种子掉落在温暖的泥土里，要吸收水分，胚根和胚芽才会渐渐长大。胚根正对着种孔，最先吸收到水分，所以能最快突破种皮往外冲，向下生长，形成主根；在种皮裂开后，嫩芽才会冒出来。

豆芽发好了，我就能吃了吧？

穿破石板的植株

种子生根发芽具有巨大的力量。小小的种子，根往土里钻，芽往上面挺，向着阳光努力生长，它可以钻过厚厚的石板。这是一种强大的本能，不可阻挡。

▶ 植物"吃饭"全靠枝茎里的两根"吸管"

植物需要不断汲取水分和养分才能茁壮成长，那么植物是用什么办法把需要的营养输送到枝干和叶子的呢？原来植物"吃饭""喝水"全靠内部两根细细的"吸管"——导管和筛管。它们就像高速公路一样，快速地输送养分。

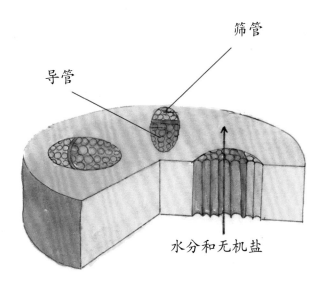

筛管

导管

水分和无机盐

我也有两根吸管。一根是喝牛奶的，一根是喝橙汁的。

沿着茎干裁掉一圈外皮，就能看到切口处的皮微微肿起来，那是因为表皮被截断，积累的有机物没办法往下输送了。

·23·

▶ 导管

负责给植物输送水分和无机盐的通道叫导管，是高度特化的管状死细胞在细胞壁上堆积，从而形成的上下联通的管道。根茎喝到水以后，由这根小管子负责努力把水分和无机盐向上输送。

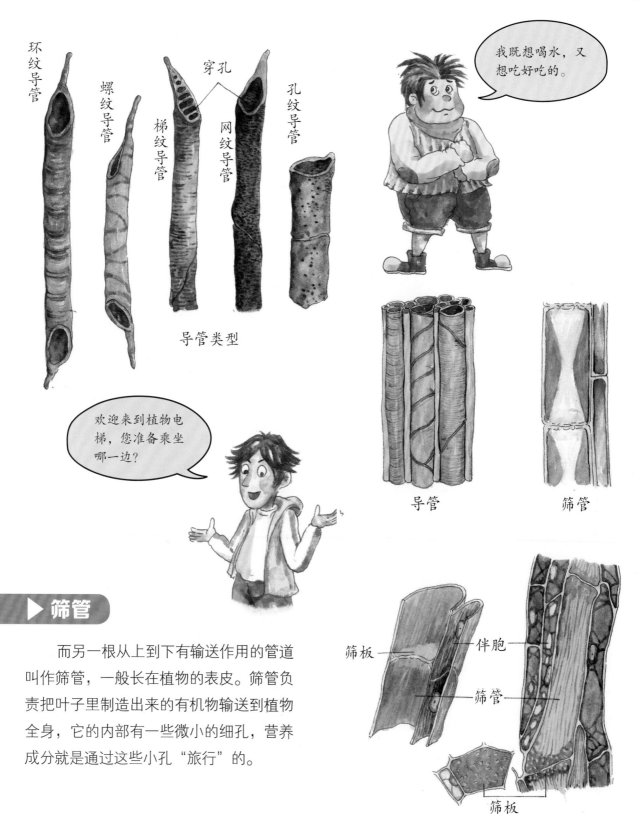

环纹导管

螺纹导管

梯纹导管

穿孔

网纹导管

孔纹导管

导管类型

我既想喝水，又想吃好吃的。

欢迎来到植物电梯，您准备乘坐哪一边？

导管

筛管

▶ 筛管

而另一根从上到下有输送作用的管道叫作筛管，一般长在植物的表皮。筛管负责把叶子里制造出来的有机物输送到植物全身，它的内部有一些微小的细孔，营养成分就是通过这些小孔"旅行"的。

筛板

伴胞

筛管

筛板

▶ 植物原来也会 "出汗"

　　炎炎夏日，走到树林里会骤然觉得非常凉爽，哪怕并没有走到树荫底下，这是由于植物时时刻刻在"出汗"。植物会把身体里没有用完的水分排出体外，就和动物出汗一样。这可不是浪费，而是一种聪明的蒸腾现象。

▶ 植物"流汗"的方式

蒸腾现象是植物汲取和储藏水中无机盐的过程，只有通过叶子底下的气孔蒸腾排出多余的水分，根部才能汲取更多水分向上输送，形成一个循环。这样一来，溶解在水里的无机盐也就和水分一起被输送上来了。

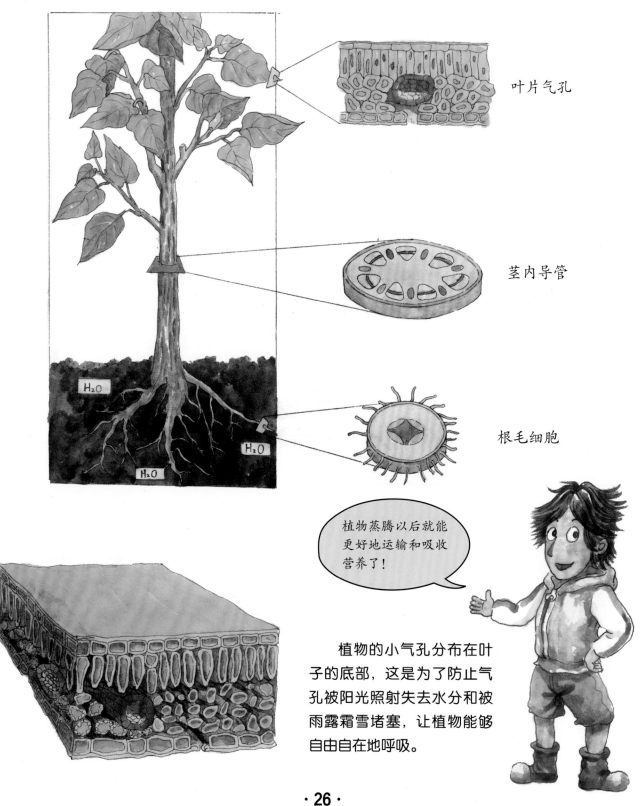

叶片气孔

茎内导管

根毛细胞

植物蒸腾以后就能更好地运输和吸收营养了！

植物的小气孔分布在叶子的底部，这是为了防止气孔被阳光照射失去水分和被雨露霜雪堵塞，让植物能够自由自在地呼吸。

蒸腾水分能调节植物的体温，和人类流汗的作用一样。植物体内的热量随着水分从叶子散发掉，这样便可以防止过热的阳光灼伤叶片了。植物也有暂停蒸腾的时候，比如在特别炎热的夏日中午，植物会分次少量排出水分。

观察植物蒸腾作用最容易的方法就是给一株植物套上透明的塑料袋，隔一会儿会发现袋子内层布满了细密的水珠，这就是植物叶子排出的水分。

植物可没我聪明，我调节体温的办法是跑到空调房里！

H₂O

第 **3** 节 种子里面好复杂

▶ 种子是个"小房子"

一粒小种子就是一所"小房子"：种皮是房子的墙壁，里面住着胚芽、胚根、胚轴和子叶。

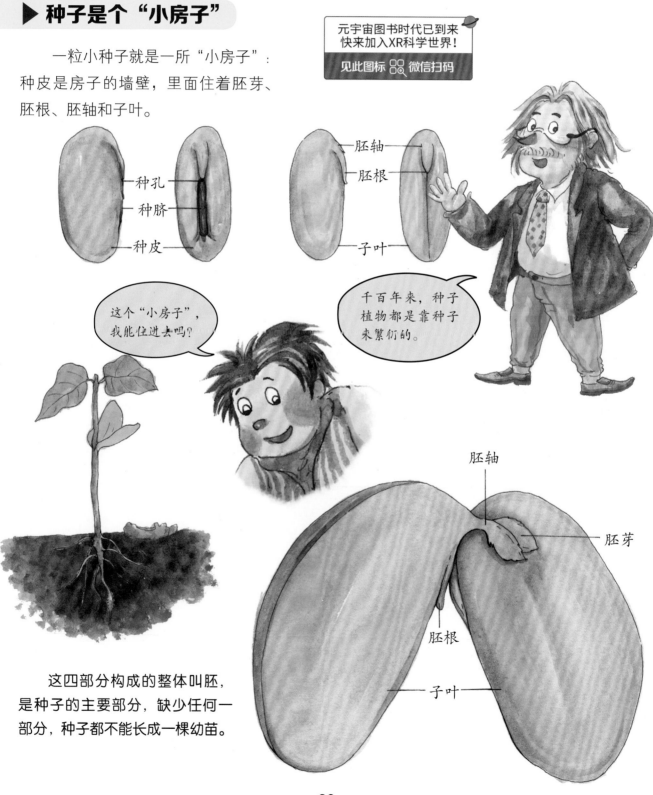

种孔

种脐

种皮

胚轴

胚根

子叶

这个"小房子"，我能住进去吗？

千百年来，种子植物都是靠种子来繁衍的。

胚轴

胚芽

胚根

子叶

这四部分构成的整体叫胚，是种子的主要部分，缺少任何一部分，种子都不能长成一棵幼苗。

▶ 双子叶种子的结构

观察菜豆的种子，可以看到坚韧的种皮保护着内部的胚，种皮上有凹进去的种脐，中间留有种孔透气。剥开种皮，两片肥厚的子叶夹着幼叶形态的胚芽，将来会发育成茎叶；胚轴连接着胚根在胚芽的相反的一端，胚根是植物未来的根。

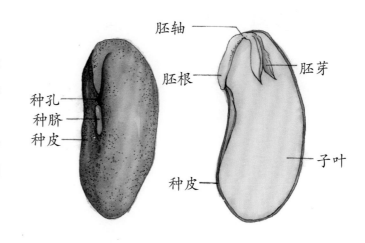

胚轴
胚芽
胚根
种孔
种脐
种皮
子叶
种皮

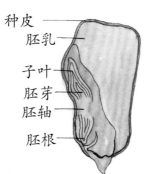

种皮
胚乳
子叶
胚芽
胚轴
胚根

▶ 单子叶种子多了什么

玉米种子具有一片不肥厚的子叶，负责提供营养的是胚乳部分，萌发时单子叶能起到传输营养的作用，这是它和双子叶种子最大的区别。其余构造与双子叶种子大致相似。

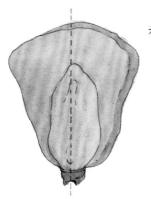

▶ 你一定吃过许多种子

世界上植物的种子千奇百怪，有肾脏形、圆球形或者扁圆形等。有的种子个头大如椰子，有的种子小如芝麻，但都是种子。豆类和瓜子也是种子，而有些种子更是以奇特的方式出现，例如草莓的种子就是表皮上的那些黑点。

种皮是保护种胚的"铠甲"。

我也有一套铠甲，那是树皮做的。

▶ 没有种子的植物如何繁衍

种子植物是靠种子繁殖的植物，但是自然界也有一些颇有个性的植物，自身不开花结种，而是由孢子替代种子繁殖。蕨类植物、苔藓植物和藻类植物都属于孢子植物。

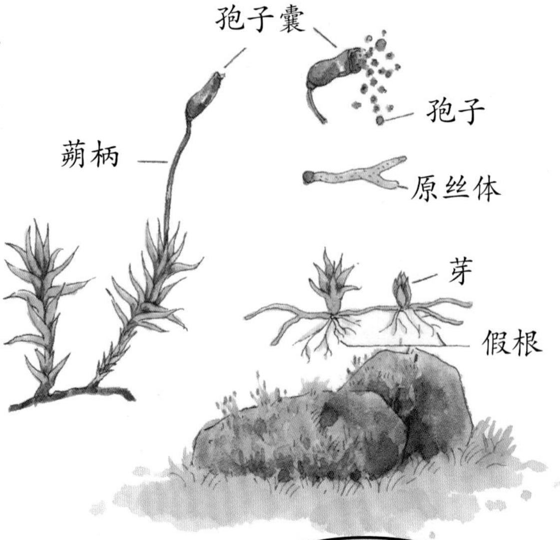

孢子植物的孢子囊分布在叶片后面，里面的孢子随风旅行，散落到哪里就会在哪里生长，其中典型的是石松。

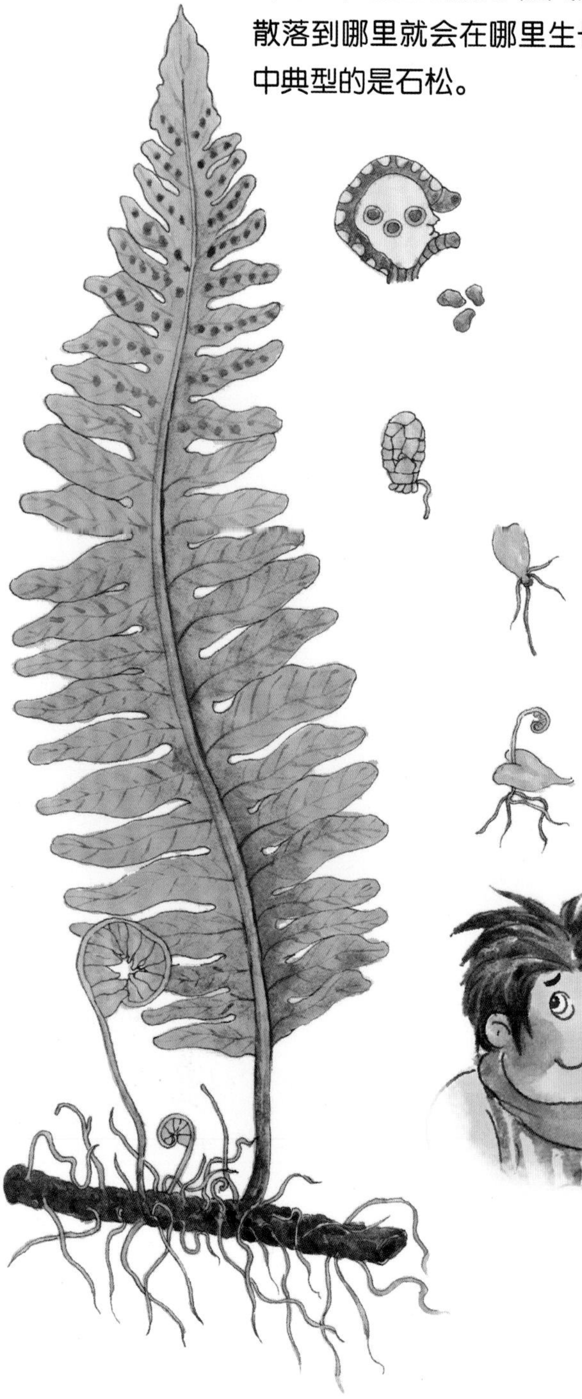

孢子囊

孢子

藓柄

原丝体

芽

假根

除了孢子，有的植物还能用分枝、分茎的方式繁衍。

好想跟着孢子去旅行啊！

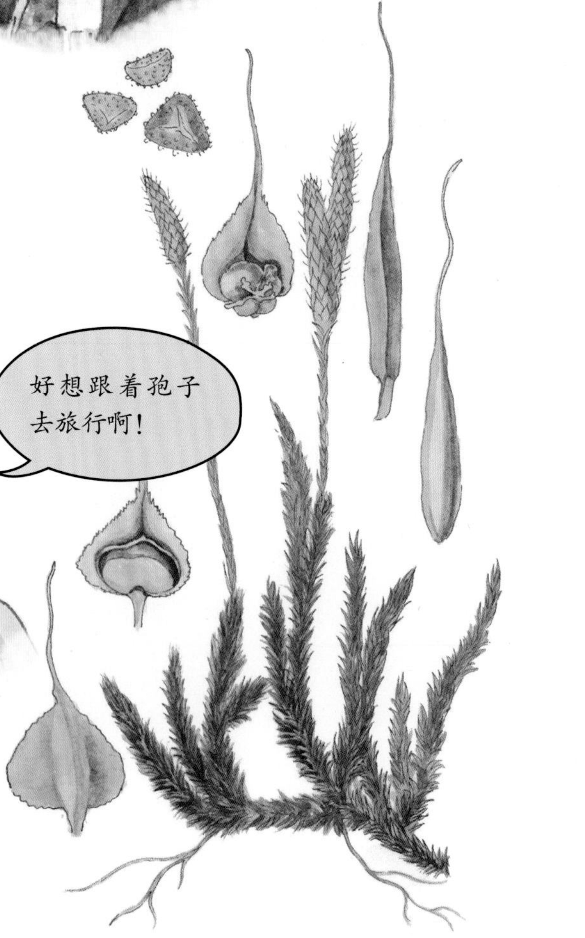

▶ 无籽西瓜的籽去哪里了

无籽西瓜比普通西瓜更香甜，而且没有西瓜籽，但这不是天生的。聪明的科学家们巧妙地利用了植物的染色体特性，在有籽西瓜苗上涂抹化学药品秋水仙碱，进行化学诱变，然后再授粉培育。

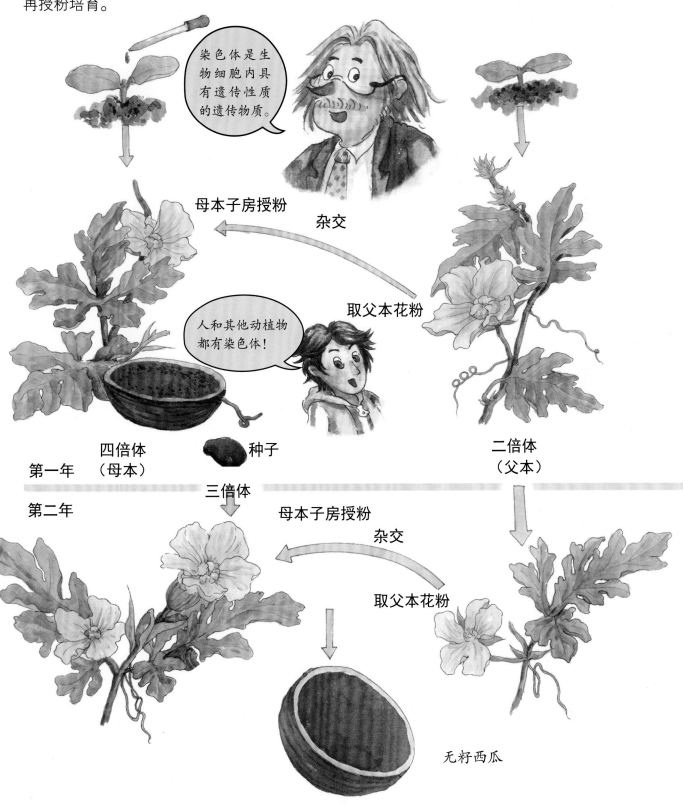

第 4 节　参天大树有秘密

▶ 年轮是怎么长出来的

　　把一棵大树锯断，会在断面上发现许多环状排列的同心圆，这就是树的年轮。树木每一年都会长出一圈这样深浅相间的年轮，这是因为在树皮和木心之间的形成层有一圈生长细胞，这些生长细胞会不断分裂出新细胞，树木便会越长越粗壮。

▶ 年轮的圈圈是怎么来的

大树在四季的生长速度不同，春夏的阳光雨露能让形成层的生长细胞特别活跃，加速年轮的形成，这时的木质松软浅亮；在寒冷的秋冬，由于缺少雨水养分，生长细胞活动减弱，木质变得紧密，颜色也深。这样深浅相间的纹路，就形成了肉眼可见的年轮。

> 干燥的天气、狂暴的风，以及害虫的侵袭，都会让树木生长缓慢，年轮也变得更紧密。

髓

形成层

木质部

韧皮部

树皮

　　年轮还能帮助迷路者辨别方向，这是来自阳光的魔力与树木的向阳性特质。树木朝阳一面的生长细胞比背阴面的活跃，这就形成了年轮两端疏密不一样的情况。

> 据我所知，年轮还有别的作用。

> 没错，年轮能辨别方向！

　　在北半球，太阳在春夏照射的是南面，所以南面的年轮会宽松一些；背阴的北面正好相反，对阳光的吸收量小，年轮紧密。所以，在北半球，树木的年轮疏的朝南，密的向北，这样就可以判断方向。在南半球情况正好相反。

南方

北方

> 您是说，大树们都自备了年轮指南针吗？！

　　在赤道是无法通过年轮的疏密推算方向的，这是由于热带一年四季的温度和日晒情况几乎一样。所以，要是在热带雨林迷了路，看年轮来辨方向可能会无效哦。

▶ 年轮还有什么作用

除了辨别方向，年轮里还蕴含着大量与历史和气候相关的信息，被称为历史活档案。历史学家可以根据古代沉船的木材中的年轮推断出树种，根据其腐蚀程度来推断沉船的年代；气候学家则可以从大树年轮里推断那些年的气候情况。

要测量年轮必须砍树吗？

美国的科学家通过测量千年红杉古树的年轮中含有的碳-14元素，发现了7 000年前太阳活动异常。

科学家有专门的测量仪，不用砍断大树就知道大树多少岁了。

哪怕是遇到外皮部分剥落的情况也不怕，因为在木质部和韧皮部之间的形成层既可以向外生成韧皮部，又可以向内生成木质部。

树皮

韧皮部　形成层

▶ 空心树是怎么存活的

　　一些大树虽然中间已经全空了，却依然郁郁葱葱。这种自然形态是由于主干中央的髓部薄壁细胞已经坏死脱落，而形成层和韧皮部依旧存在，负责输送养分的导管和筛管也能正常运作，这样树木就依然能够继续汲取营养，存活下去。

▶ 树为什么会空心

　　突然出现的恶劣环境和逐年加重的生长需求都会让大树髓部的薄壁细胞耗尽，这种现象一般出现在老树身上。老树主根经年累月会形成木栓化堵塞，只剩下分支根的末端能继续吸收少量营养，生存的负荷过大，所以只能动用髓部的资源了。

在美国加州的森林公园，有一株巨型红杉树，树身有一个可容车辆通过的大洞，被称为"隧道树"。这棵树已经有上千年的历史了。

▶ 植物也会打架！植物的领地战争

植物生存需要阳光、土壤和水分，可这些都不是能够平均分配的，植物之间就形成了"隐形"战争！植物之战虽然不会流血，却是同样残酷的。植物们会用挤压、缠绕、压制、扩展等方式抢夺地盘。

这两棵植物发生了"肢体"战争！

这是为了争夺生存资源。

▶ 高矮之争

无数植物都渴望得到太阳的青睐，拼命向上长。高个子的植物凭借着天然的优势占据了阳光充足的有利位置；矮小的植物只能去寻找一些有微弱阳光的地方生存，日久天长，它们进化成能依靠着微弱阳光生存的阴地植物。

▶ 寄生绞杀

有一些植物既聪明又残酷。由于自身的叶子和器官退化了，不能养活自己，就把根插入其他植物的体内，然后围绕着这株植物快速地生长，直到被寄生的植物慢慢死去。还有的植物通过气生根绞杀所依附的植物，比如热带雨林中的高山榕和菟丝子。

▶ 广撒种子

    有些植物依靠特殊的撒种方式占领地盘，只要占领更多的地盘就能将对方的营养据为己有。比如依靠风力传播种子的蒲公英、会喷射种子的豌豆和油菜花。只要播撒得够远，就能占据更多的地盘。

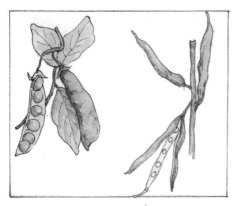

豌豆

蒲公英

▶ "生化武器"

    为了占领领地，有些植物甚至使出了"生化武器"，松树就是这样霸道的一种植物。在它的生长领域，连小草都极少能见到。这是因为松树根部能分泌出一种带有强烈刺激性气味的化学物质，能够抑制别的植物发芽。这可算是植物里的"霸道总裁"了。

第 5 节 奇奇怪怪的果实

▶ 番茄果实是长在藤上的

番茄是一种果实生长在藤上的。虽然人们习惯将它的果实像蔬菜一样煮熟了食用，可是番茄完全符合植物学中水果是"植物的果实"这一定义。所以番茄和圣女果一样，实际上都是属于水果阵营的。

番茄果实加热后，内含的维生素C会流失，但番茄红素和其他抗氧化剂含量却会大量上升。因此，熟吃番茄比生吃番茄的总体营养价值更高。另外，番茄果皮的番茄红素比果肉还高，建议最好连皮吃。

美味的番茄怎么吃都可以。

▶ 核桃和板栗原来不是果实啊

人们爱吃的核桃和板栗其实并不是果实，它们属于果实的内核部分，确切地说，应该是种子。而美味的栗子仁和核桃仁都是种子的子叶。

栗子的壳太硬了，我的牙都磕碎了。

板栗树的果子是浑身带刺的毛毛球，成熟后就会露出里面的种子——板栗。

坚硬的外壳是为了保护栗子种胚。

元宇宙图书时代已到来
快来加入XR科学世界！
见此图标 微信扫码

核桃树的果子是绿色的，成熟以后果子的外果皮和中果皮会干瘪脱落，剩下坚硬的内果皮包裹着胚。

▶ 猴面包树上真的有"面包"

　　小王子常清理的猴面包树是真实存在的。猴面包树又叫波巴布树，是高壮的常绿乔木，结出的球状果实肉质香甜、营养丰富。当果实成熟时，猴子们成群结队地爬树摘果子吃，"猴面包树"的称呼由此而来。

▶ 旅人的守护神树

　　在热带草原旅行的人们干渴难耐时，只要找到猴面包树，从树身上割开一道口子，就可以吸食大树甘甜的汁水。为此，人们也叫它"生命树"。

▶ 面包果的味道怎么样

　　人们从猴面包树上摘下成熟的面包果，放在火上烘烤至黄色时食用。烤过的面包果松软可口，酸中带甜，风味和面包差不多，所以这种树被称之为"猴面包树"。

好馋啊，真想马上尝一口面包果。

猴子、猩猩和大象都喜欢吃面包果！

▶ 可以化酸为甜的神奇果子

神秘果树生长在西非热带地区，神秘果这种红红的小果子能调节食物的味道。吃了它后再吃其他食物都会觉得非常甜，它能让柠檬、醋和酸面包都变得甜丝丝的。

吃了神秘果以后就只能感觉到甜味吗？

神秘果化酸为甜的神奇效果源自其内含的神奇糖蛋白。这种物质本身并不甜，但能改变舌头上味蕾的感受。这种神奇的效果通常可以持续1~2小时。

别担心，只要喝口热水就能解除这种神奇的效果。40℃就可以破坏神秘果的增甜作用啦。

科学家利用这种糖蛋白制造了人工增甜剂。

第 6 节 植物工厂大揭秘

▶ 植物也要呼吸

植物和人类一样需要进行呼吸。植物白天吸收二氧化碳，释放氧气，进行光合作用。到了暗淡无光的晚上，植物无法进行光合作用，就开始像人类一样正常呼吸了。这时吸入的是氧气，呼出的是二氧化碳。

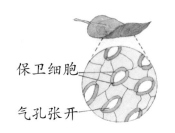

保卫细胞
气孔张开

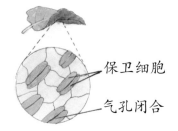

保卫细胞
气孔闭合

我怎么没发现植物呼吸用的鼻孔？

植物呼吸消耗的氧气比它们制造的氧气少多了，所以别担心植物会吸光氧气。

植物是通过叶子上气孔的打开和关闭来进行呼吸的。

植物白天进行光合作用，吸收的二氧化碳能转化成植物生长所需的有机物。而晚上的呼吸则可以帮助植物补充平时运送有机物消耗的能量。这些都是植物促进生长的本能。

▶ 能储存空气的莲藕

切开莲藕可以看到一个个孔洞，这些洞是莲藕用来呼吸的通道。植物生长离不开空气，但是莲藕的根部生长在空气稀薄的水底，因此它只好用荷叶收集空气，通过花茎和块茎的孔洞传输到藕节间的根须上。所以，这些小孔就是输送空气的通道。

莲藕只在藕节处有一些细细的须根，主根系已退化了。由于它采用中通的孔道来呼吸，年复一年，这些气孔就被撑得日渐膨大。其实这种气孔在水稻和其他一些水生植物的茎上也能见到，只是没有莲藕的这样大而已。

扫码领取

◎ 科学实验室
◎ 科学小知识
◎ 科学展示圈
◎ 每日阅读打卡

▶ 氧气实验：给玫瑰加个玻璃罩

　　在自然光下，把一支点燃的蜡烛放到密闭的玻璃罩里，蜡烛不久就熄灭了，这是由于火焰燃烧耗尽了氧气。在自然光下，科学家把一盆植物和一支点燃的蜡烛一起放到密闭的玻璃罩里，蜡烛一直没有熄灭，植物也长时间地活着，这就说明在自然光下植物可以制造氧气。

　　植物是世界上最大的"氧气制造工厂"，亿万年来一直在为地球默默地净化空气。没有植物制造氧气，人类和动物都活不下去。而且，植物工厂是最环保、绝无污染的。

后来，科学家进一步进行植物氧气实验。这次采用两个玻璃罩，在里面都放上植物和小白鼠。把其中一个玻璃罩放在黑暗处，另一个放在光明处。

过了一段时间发现，在光明处的玻璃罩，里面的小白鼠活得很好；而黑暗处玻璃罩里的小白鼠已经奄奄一息了。这个实验证明，植物只有接受光照，才能制造出氧气。

植物是通过小气孔来进行光合作用的哟！

金鱼缸里的水草叶片有时会沾着一些小气泡，这是因为水草也在进行呼吸。所以养鱼时，在鱼缸里放点水草会改善鱼的生存环境，但是必须时常让水草照到自然光才行。如果没有光照，水草很快就会腐烂。

第 **7** 节 花是用什么颜色引诱昆虫的

戴上这个蜜蜂眼镜仔细看一看。

花蕊黄灿灿的，真漂亮！

用人类肉眼看的时候……

蜜蜂看不见红色，所以在红花聚集的地方很少有蜜蜂。

用蜜蜂眼镜看的时候……

哇，花的中间漆黑一片！

▶ 蜜蜂是被紫外线下的深色吸引的

蜜蜂的眼睛可以看见人类肉眼看不见的"紫外线"。由于油菜花中心有花蜜的部分在紫外线下显得特别醒目，所以被认为是借此来引诱蜜蜂的。

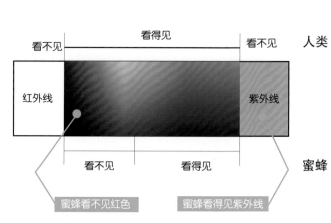

	看得见		
看不见		看不见	人类
红外线		紫外线	
	看不见	看得见	蜜蜂

蜜蜂看不见红色　　蜜蜂看得见紫外线

分别检验分析红色和蓝色的绣球花，就会发现蓝色的绣球花比红色的绣球花多含了许多叫作"铝"的物质。从这个事实看来，花的颜色变化应该与培养土里的铝含量有关。

第 **8** 节 植物们也有"生化武器"

▶ 植物靠"香气"互助抗虫害

聪明的植物居然会互相帮助！当番茄的叶子被蛾子啃食，会释放叶醇来提示同伴。其他番茄感受到叶醇后，会接收这种物质生成遏制害虫生长的有毒化合物。这是植物在遭遇虫害后做出的自我防卫，自动增强对害虫的抵抗力。

> 据说这种纯天然的杀虫剂可以有效降低害虫20%的生存率。

扫码领取

- ⊘ 科学实验室
- ⊘ 科学展示圈
- ⊘ 科学小知识
- ⊘ 每日阅读打卡

植物用一种环保节能的方式防御，不需要时时刻刻准备毒素，而是在接触到同伴释放的"香气"时，才开始吸收作为毒素原料的叶醇，然后自动生成害虫毒药。

> 除了番茄，水稻、茄子、黄瓜都能机智地预警哟！

▶ 使人发痒的植物黏液

用手接触芋头和山药滑溜溜的黏液后，总是会觉得皮肤发痒或者刺疼，那是因为这些植物中含有扎刺皮肤的物质——草酸钙。这是一种两端如针尖状的结晶体，长度大概只有 0.1 毫米。不过草酸钙针晶对人体没有危害，只是让人感觉不适。

水果中的猕猴桃也含有草酸钙，皮肤痒的时候浇点儿醋或者柠檬汁，用酸来溶解草酸钙，能大幅减轻疼、痒症状。

▶ "见血封喉"箭毒木

"见血封喉"又名箭毒木，属桑科植物，分布在亚热带地区。这是世界上最毒的树，果子和树汁都含有剧毒。

现在箭毒木被科学家用来制作重要的药物。树汁中的一些物质具有重要的药用价值。提取毒素中的有效成分，可以制作治疗高血压、心脏病的药物。

箭毒木乳白色的汁液中含有马来毒箭木甙、β-见血封喉甙等多种有毒物质。当毒汁由伤口进入人体，会引起肌肉松弛、血液凝固，最后导致心搏停止而死亡。

猎人用毒树汁制作毒箭用作狩猎的武器。

▶ 自带"枪炮"的植物

有些植物会制造有毒的"化学武器"，有些则喜欢主动出击，自备威力巨大的"兵器"。

美洲沙箱树的树叶、树皮和种子都有毒。在果实成熟时会发生爆裂，果实中种子的弹射距离能达到十几米。所以，当地人不敢接近成熟的沙箱树果实，以免被炸得落花流水。

马勃菌是著名的植物"地雷"，它生长在南美洲的热带森林。马勃菌成熟后，个体如拳头般大小。如果有人不小心踩踏了它，马勃菌就会"嘭"的一声爆炸，同时发出一股极度难闻的刺激性气体，让人狂打喷嚏，眼睛也像针扎一样疼。

为了生存，植物逐渐进化出防御敌害的本领。

▶ 吃昆虫的植物

捕蝇草是一种非常有趣的食虫植物。它的叶片顶端长有一个酷似"大嘴巴"的捕虫夹，能分泌蜜汁吸引小虫。当有小虫闯入时，"索命"大嘴就会迅速夹住猎物，并分泌酸性消化酶消化、吸收猎物。

植物界中食虫植物种类繁多，其中著名的还有猪笼草、瓶子草、茅膏菜、狸藻等。植物会吃虫子，是因为生长环境缺乏足够的养分，久而久之就演化出捕猎昆虫的技能。

捕蝇草是猪笼草的远亲。

小小的辣椒味道如此火爆，是因为其中含有叫作辣椒素的物质。辣椒素含量越多，辣味越重。

辣椒的辣度是以"斯高威尔指标"（Scoville Heat Unit, SHU）来衡量的。

▶ 死神辣椒的辛辣指数

世界辣度最高的辣椒产自美国南卡罗来纳州，被称为"死神辣椒"，其辣度值达到 1 569 300 SHU，是朝天椒辣度的 30 多倍。死神辣椒已被列入吉尼斯世界纪录大全，再能吃辣的人吃过后都会口齿不清、全身麻木。

死神辣椒

▶ 最小的西瓜

世界上最小的"迷你西瓜"佩普基诺产自南美洲，仅有 3 厘米长，是普通成熟西瓜的 1/20。因为和手指头差不多大小，故而也被称为"手指西瓜"。

佩普基诺可以直接连皮吃，它的外皮细嫩，柔滑得仿若无籽。这种水果含有丰富的维生素 C、钾和镁，最适合做水果沙拉。

这样的西瓜我能吃一盘！

它的外表与普通西瓜一样，但打开以后，内瓤是青绿色的。口感类似香蕉和酸橙混合，清脆爽口。

▶ 最大的花朵

号称"世界第一大"的大王花生长在苏门答腊的热带森林里。大王花无茎、无叶、无根，一生中只开一朵花。花朵最大的直径可达 1.4 米，重达 10 千克。最奇特的是，其花心像面盆，能够装六七升的水。

大王花是一种腐生植物，生有肉质的花瓣，喜欢寄生在植物的根茎上。这是由于它的叶片已经退化成鳞片或完全消失，自身没有叶绿素，无法制造营养，所以只能靠吸取寄主的组织获取营养。

大王花发出的是刺激性的腐臭，这可以吸引喜欢臭味的昆虫来为它传粉。

哎哟，这个花可真臭啊！应该叫它大臭花！

扫码领取
- 科学实验室
- 科学小知识
- 科学展示圈
- 每日阅读打卡

▶ 世上最贵的香料——番红花

番红花被公认是世界上最昂贵的香料，这是因为其数量稀少，一株花只采用三根雌蕊来制作香料，几乎要200朵花才可采收到1克重的雌蕊。高产农场每年也只能出产3~4千克。

番红花作用繁多，可以入药，还可作为香薰、燃料和调味料。著名的西班牙海鲜烩饭里面必不可少的香料就是番红花，它不但有特殊的香味，可以辟除荤腥，还能给菜肴增添独特的金色。

番红花为什么这么贵？

番红花只能在每年十月进行人工采摘焙烤，产量稀少，所以格外金贵。

西班牙是全球出产番红花最多的国家，但番红花原产区却是西亚地区，这是因为古时候的阿拉伯人将番红花传到了西班牙。

▶ 稀有的松露只有猪能找到

松露产自法国，是一种在地里生长的食用菌，是极为美味可口的珍贵食材。松露生于地下，长得像块黑漆漆的泥巴，难以辨认。成熟时松露会释放出淡淡的气味，只有嗅觉异常灵敏的动物才可以闻到，所以每到秋天，妇女们就把猪赶到松林里去，让它们帮助寻找埋在土里的松露。

科学家相信松露释放的气味是雄烯酮，它是一种天然形成的激素。

在法国那些盛产松露的村子里，人们养猪不是为了吃猪肉，而是训练成专门寻找松露的猎猪。

▶ 你见过空气植物吗

空气凤梨属于气生类植物，是可以完全生长在空气里的植物。种植它不用任何土壤，只要间隔几天向它的叶片喷点清水，保持空气的湿度就可以了。

> 空气凤梨的种植十分简单，只要天气干燥的时候注意在叶面上喷喷水，经常拿出去让太阳晒一晒就可以了。

空气凤梨有200余个品种，形态各异：有的像章鱼，有的像老人胡须，还有的像逼真的绸缎花。

它靠叶面上的"保卫细胞"——密布的白色鳞毛来吸收空气中的水分和养分，它们的根部已经退化成木质纤维，失去了一般植物根的功能，只能起到固定的作用。

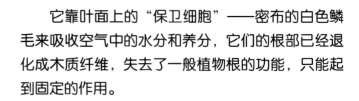

空气凤梨的花朵很小，气味浓香。

▶ 一言不发就自燃的岩蔷薇

自然界有一种特别酷的植物叫岩蔷薇，它往往在夏日气温高的时候燃烧自己。岩蔷薇生长在地中海沿岸，布满了褶皱的花瓣薄如纸片，叶片上分泌有大量油脂，一旦外界气温达到32℃，就开始自燃。

岩蔷薇侵占了大量的农田，人们用火来清理，却发现次年岩蔷薇再次生机勃勃地发芽生长了。原来，它的果实经过火烧，外壳会炸裂出大量种子落在土壤里，第二年雨水来临时又获得了新生。

你得小心它把你的帐篷烧掉！

带上几株岩蔷薇去野营，生火可不用火柴了。

岩蔷薇看起来人畜无害，却故意自燃，把周围的一片植物都烧掉。它的目的是只留下自己带有防火外壳的种子，为自己赢得宝贵的生存空间。

🔳扫码领取

- ⊙科学实验室
- ⊙科学小知识
- ⊙科学展示圈
- ⊙每日阅读打卡

▶ 爱听音乐的植物

植物除了对营养物质和阳光有需求以外，也追求"精神生活"的愉悦。几乎所有的植物都能"听懂"音乐。农学家做过实验，发现播放植物喜爱听的音乐，能让它们生长得更茂盛，花开得更鲜艳，结的果实也又大又多。

我最爱听音乐！看来能在植物里找到知音。

▶ 为什么植物爱听音乐

原来，舒缓动听的音乐声波进行有规律的振动，可以刺激叶片表面，使得气孔张开更大的幅度。植物的呼吸作用加强，制造大量的营养物质，因此植物能加速生长。

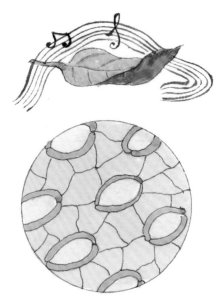

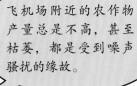

飞机场附近的农作物产量总是不高，甚至枯萎，都是受到噪声骚扰的缘故。

▶ 你的音乐品位和黄瓜一样吗

不同植物的音乐品位是不同的。黄瓜、南瓜喜欢箫声，番茄偏爱浪漫曲，橡胶树钟爱噪声。美国科学家曾对 20 种花进行了对比观察，发现噪声会使花卉的生长速度平均减慢 47%，有时可能使某些植物枯萎，甚至死亡。

▶ 植物真的能听到声音吗

许多植物能够对特定的声音做出反应，比如生长在南非开普敦的海梅木，似乎天生有一双灵敏的"耳朵"。只有以一定频率扇动翅膀的昆虫，才能采得到它释放的花蜜。这是植物为了不浪费花粉进化而来的独特的能力。

▶ 不含叶绿素的植物——天麻

天麻是一种食菌性的草本植物，喜爱生长在腐殖质较多而湿润的林下。奇特的是，它不需要进行光合作用，也不长根须，可以用茎块进行繁殖。

自古以来，天麻就被列为名贵药材，对身体很有好处。

食菌性草本植物喜欢与菌类共生，依靠菌类提供的营养生长。

天麻的身上一点叶绿素都没有，生长全靠附近的紫萁小菇和蜜环菌，这两个是天麻的共生者，为天麻提供了生长的营养，所以种植天麻必须得先培养共生菌。

▶ 有一种梅花在夏天也会开

夏蜡梅，顾名思义，是在夏天开放的蜡梅花，花期与别的梅花正好相反，显得弥足珍贵。

夏蜡梅是我国的国宝级植物。邻近的日本及欧美国家的许多植物园都慕名来引种。

夏蜡梅只产于中国浙江昌化及天台等地，已被列为国家二级重点保护野生植物。这种花喜爱生长在山坡或者溪谷林下，开放时漫山遍野都是白瓣金蕊的花朵，香飘百里，蔚为壮观。

夏蜡梅叶子深绿，叶表覆盖着短茸毛；花瓣是层叠的白色或淡粉色；花蕊金黄，盛开时就像一只白玉碗装着几颗金珍珠，可爱极了。

第 11 节 植物一样可以施展"特异功能"

▶ 土豆不仅可以止痒，还能发电

土豆是一种美味的蔬菜，让人意想不到的是，土豆还能对付蚊虫叮咬。土豆中含有的碱性成分具有解毒消炎、活血消肿的功效。被蚊子叮了感到痒痛难忍的时候，切一片生土豆，直接贴在蚊子叮咬处，一会儿就消肿止痒了。

不但如此，土豆还能摇身一变成为电池。来自耶路撒冷的大学学者发现，只要给煮熟的土豆插上作为正负极的金属片，再接上电线，土豆就能发出微弱的电流。一个土豆足够为一个房间的 LED 灯泡提供 40 天的电能。

土豆电池是利用了植物的酸性发电，用柠檬也可以哟！

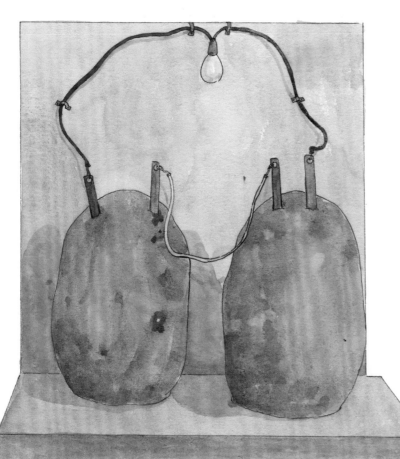

土豆煮熟以后，内部含有大量酸性物质，这些物质和正负极的金属铜和锌发生化学反应，就能释放电能，形成电流。这种电池极其环保，而且成本低廉。

紫云英虽然不能深入地下，却是采矿能手。

植物不但能采矿，还能寻矿。某种植物偏爱吸收特定的金属矿物，所以找到这种野生的植物就代表着在这片土地上很有可能蕴含了某种金属矿。比如在针茅和锦葵丛生的地方，可能有镍矿；在忍冬生长旺盛的地下，可能有银矿。

▶ 植物矿工紫云英

北美有个山谷含有十分丰富的矿物——硒，硒分布得非常分散，开采起来费时费力，于是人们就在那里种上了能大量吸收硒元素的植物紫云英。等到紫云英长成收获以后，将它烧成灰，便可以从中提取硒。

▶ 植物间谍——竹子，草本 vs 木本

竹子是多年生禾本科竹亚科植物，独特的是，竹子的茎和木本植物一样是木质的，可它是单子叶植物，没有木本植物的形成层。它的茎在长成时就固定了大小，无法长出年轮，这也是竹子最终被归为草本植物的原因。

竹子是多年生的草本植物，茎高大而坚硬。

竹子一年四季都是绿色的，几乎没有见过它开花的时候。其实竹子是会开花的，不过一开出竹花之后竹子就死了，属于多年生一次开花植物。竹子开花是对天气和地貌的一种消极反应，比如大旱和土地贫瘠，都有可能导致竹子开花。

草本植物和木本植物的区别是看有没有年轮哟！

▶ 紫露草是侦测辐射的环保标兵

　　在城市的绿化带里常能看见一种漂亮的紫色小花，这就是著名的环保监测小标兵——紫露草。紫露草是鸭跖草科植物，有净化空气、吸附粉尘的作用，所以人们习惯将其栽种于花坛或是道路两侧。

　　紫露草的花瓣会变色，这是由于其花丝上的茸毛对电离辐射十分敏感。如果所处环境的辐射量超过了限定的标准，它的花瓣能够由蓝紫色变成红色，以此来发出警告。

紫露草不但能够侦测电离辐射，还能检测空气与液体的污染情况。

▶ 会走路的草

卷柏是植物王国中的"旅游者"。每逢气候干旱时，卷柏都会把根部从土里拔出来，就地卷成一个又轻又圆的草球。只要稍微来点风，它就能在地面上四处滚动。一旦滚到湿润的土地，草球就迅速地打开，伸出根部钻进土壤，暂时安居。

卷柏就依靠这个独特的技能过着称心如意的旅游生活。

卷柏是蕨类植物，还有个拉风的名字叫"九死还魂草"。全国大部分地区都有卷柏，它还是一种有用的草药。

▶ 会自燃的花

　　在地中海地区的干燥石灰质荒地上，生长着很多野生岩蔷薇，每到初夏时节，就会盛开白色花朵，花香刺鼻。每朵花的花期只有一天，叶片上覆盖一层浓稠的黏液，让人感到恐怖的是，一旦外界温度超过32℃，岩蔷薇便会自燃，不但会把自己烧得面目全非。另外，岩蔷薇还能分泌带有独特琥珀型香气的物质，不但是它们对抗干旱的"有利武器"，还能被用来制作香水。

每到花季，岩蔷薇就会绽放白色五瓣大花，花朵有些皱皱的，花朵中央还长着紫色色斑。

◎为什么要在清晨割橡胶

橡胶工人割橡胶，是为了取得树皮里流出来的胶乳。他们选择在清晨作业，是因为胶乳流动的快慢和数量与温度和空气湿度有密切的关系。橡胶树休息了一晚，体内水分饱满，细胞活跃，因此清晨是胶乳产量最高的时候。

★含羞草真的会害羞吗

含羞草的叶柄和小叶基部有一个叶枕，里面充满了水分，水让其压力很大。当轻轻触碰草叶时，水分会马上流到叶片的上半部和两侧，使压力转移到上半部，导致小叶合拢。看起来是因为害羞，其实是植物的自我保护。

●为什么笋在春雨后冒得特别快

冬天的气温低且水分不足，竹笋静静蛰居在竹子的地下茎上不冒头。这是因为竹笋的生长需要大量的水分，水分不够就进入缓慢生长阶段。到了春雨蒙蒙的时候，春笋的芽喝足了水，就能快速从土壤里拱出地面，嗖嗖地长个子。

■藕断为什么会丝连

折断莲藕，在断面会有许多长长的细丝连在一起，这就是所谓的"藕断丝连"。这是由于莲藕的内壁上有环形和螺旋形的导管，跟弹簧一样可以拉长缩短。

○龟背竹的花纹跟龟背一样吗

龟背竹的叶子上有许多大裂缝，有时还有一个个洞，远看真像乌龟壳。这是因为它生长在热带雨林，经常遭受风雨侵袭。它依靠着叶子上的缝隙和空洞，能够让雨水和风顺利通过，减少自身受到的伤害。

◇爬山虎有脚吗

爬山虎爬墙特别厉害，多高的墙壁都能爬上去，难道是长了脚吗？其实是它的藤蔓上长有一排排像牙刷一样的不定根，比脚还厉害，这是它爬墙的绝招。不定根会吐出黏性特别强的体液，牢牢粘在墙壁上，不容易被扯下来。

□棉花真的是花朵吗

棉花的名字虽然带有"花"字，可它却不是真正的花朵。棉花的花朵凋谢后，椭圆形果实会裂开，然后从种子里面冒出一丝丝的白色纤维，慢慢结成一个白絮球，这个才是我们常见的棉花。

☆植物最怕中午浇水吗

盛夏的中午烈日炎炎，植物的叶子都蔫了，但却不可以马上浇水。中午时分，植物的根部不断吸收土壤里的水分，在这时浇水会大幅度降低土壤的温度，植物的根毛受到低温刺激会堵塞，阻碍其吸收水分。

△有方形的树干吗

没有。常见的树干都是圆形的，这是植物自我保护的表现。圆形的树干不容易受到动物的损伤，如果树干是方形的，那动物啃食和磨蹭树皮都非常方便，对树木生长不利。而且圆形比起方形，更容易让风雨滑过，有效降低伤害。

●向日葵其实是在躲避阳光吗

向日葵顾名思义是向着太阳的葵花，其实不是这样的。向日葵的枝茎内含有一种异常怕光的生长素，遇到光线会自觉地躲到暗面迅速生长，比阳面生长得更快。这造成了向日葵向光性弯曲，以至于让人产生向日葵总向着太阳转的错觉。

★为什么大部分花儿喜欢白天绽放，晚上睡觉

这是由于白天的光线强，温度升高，能刺激花瓣的生长细胞迅速生长，向外绽放；到了晚上温度降低，光线微弱，花儿就慢慢收缩自己的花瓣进入休眠状态。

◆梅花不怕冷吗

梅花是一种先开花后长叶子的植物。在秋末时，梅花枝头已经长出了米粒大小的花苞，然而温度并不影响花苞的生长，所以在大雪纷飞的冬天，我们也能看到梅花盛开的景象。

●昙花一现是因为害羞吗

昙花的老家在中南美洲的沙漠，那里白天极度炎热。聪明的昙花选择在夜晚绽放，清晨凋谢，从开花到凋谢仅仅四五个小时，是为了保护花朵不被阳光暴晒，使它能在干旱炎热的环境中生存繁衍。

◇荷花为什么能"出淤泥而不染"

荷花的花和叶长有许多小凸起，凸起之间有空气，还有一层类似蜡的物质，脏东西根本沾不上去，即使有一些也会被流动的水给冲洗干净。所以荷花生长在淤泥塘里，身上却干干净净。

△花朵的香味是从哪儿来的

花朵有香味，是因为花瓣能不断分泌出芳香的油脂。这种油脂受热后容易挥发，被太阳照射后扩散在空气中，钻入人的鼻子里，所以我们就闻到了香味。